土星

天王星

海王星

彗星
太陽系外縁部からやってくる小さな天体。

カイパーベルト
おもに小さな天体が集中している場所。範囲は、小惑星帯の20倍におよぶと考えられている。

恒星や惑星以外の、さまざまな天体

太陽系には、恒星や惑星以外にも無数の天体が存在します。

準惑星
以下の条件を満たすものが準惑星とされている。

- 太陽のまわりを公転している
- 天体自身の重力によってほぼ球形で、十分大きな質量がある
- 天体の公転軌道の近くで、他の天体を取りこんだり、はき散らしたりしていない
- 衛星ではない

2024年現在、ケレス、冥王星、エリス、ハウメア、マケマケが準惑星とされている。

26、38ページを見てみよう

微惑星
太陽系が誕生してまもないころに存在したとされる小さな天体。惑星を形成する材料となった。

衛星
惑星や準惑星、小惑星のまわりを公転する天体のこと。地球の衛星は月。

小惑星
火星と木星の間に多く存在する、小さな惑星のような天体。

26ページを見てみよう

宇宙開発プロジェクト大図鑑

監修：肥後 尚之

② 太陽系へ

ポプラ社

もくじ

- はじめに …………………………… 3
- 太陽へ …………………………… 4
  - 太陽のなぞにせまる ……………… 6
  - 数千万℃のフレアを調査 ………… 8
- 水星へ …………………………… 10
  - 水星のなぞにせまる ……………… 12
- 金星へ …………………………… 14
  - 金星のなぞにせまる ……………… 16
- 火星へ …………………………… 18
  - 火星のなぞにせまる ……………… 20
  - 火星の生命探査 …………………… 22
  - 探査機がとらえた火星 …………… 24
  - これからの火星探査 ……………… 25
- 小惑星へ ………………………… 26
  - はやぶさ大解説！ ………………… 28
- 木星へ …………………………… 30
  - 木星のなぞにせまる ……………… 32
- 土星へ …………………………… 34
  - 土星のなぞにせまる ……………… 36
- 天王星からその先へ …………… 38
- 彗星へ …………………………… 40

おしえて！インタビュー
JAXA 宇宙科学研究所
山下美和子さん ………………… 42

さくいん …………………………… 46

この本に出てくる国旗やマークについて

この本では、ロケットや宇宙船の開発国・団体の、国旗やマークを表示しています。登場する国旗とマークは右の通りです。

 日本

 西ドイツ（今のドイツ）

 アメリカ

 ソビエト（今のロシア）

 ヨーロッパ宇宙機関（ESA）

 中国

はじめに

　みなさんは、地球を飛び出して、もっと遠くの世界を探検してみたいと思ったことはありますか？

　人類は、月に到達するという大きな一歩を成しとげたあとも、その先に広がる宇宙への興味を失いませんでした。火星、木星、土星のような惑星たちや、そこにある衛星、小惑星まで、どれもが未知の世界で、私たちの想像力をかき立て、わくわくさせてくれます。そのような宇宙を探るため、私たちは、私たちの代わりとなって宇宙を探検してくれる「探査機」という特別なロボットをつくりました。そして、探査機を通して宇宙のなぞを探る挑戦を始めました。

　この本では、探査機が太陽系のさまざまな星を訪ねてどんな発見をしてきたのかを紹介しています。探査機は、遠く離れた星に近づき、その写真を撮ったり、地表を調べたりして、宇宙のなぞを少しずつ解き明かしてくれています。しかし、その旅路は決してやさしくはありません。多くの探査機が目的地にたどり着けずにこわれてしまったり、とちゅうで計画が中止になってしまったりすることもありました。それでも科学者や技術者たちはあきらめず、今日も新たな挑戦を続けています。

　私は「地球」を月から見たくて、宇宙開発技術者を志しました。みなさんには、将来の目標はありますか？　まだ自分でもわからない人も多いかもしれませんね。宇宙のなぞを探るため、人びとは失敗から多くのことを学び、それを経験としてたくわえ、技術をみがいてきました。みなさんも、この本を閉じたらさまざまなことに挑戦して、たくさんの失敗をしてください。その経験は、きっと大切な宝物になります。この本が、みなさんが「やりたいこと」を見つける助けになったらうれしく思います。

肥後尚之

©NASA's Goddard Space Flight Center Conceptual Image Lab

太陽へ

太陽系の中心にある太陽。巨大な重力で他の天体を引き付けるだけでなく、その活動は地球の生命の存在や、私たちの生活にも密接に関係しています。

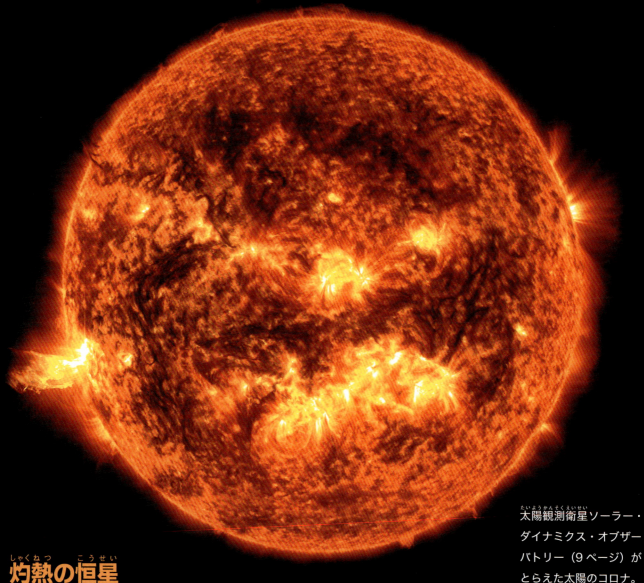

太陽観測衛星ソーラー・ダイナミクス・オブザーバトリー（9ページ）がとらえた太陽のコロナ。
©NASA/Goddard/SDO

灼熱の恒星

太陽は、太陽系の中心にある巨大な星です。自らかがやく「恒星」で、中心部ではとてつもなく大きな光と熱が発生しています。太陽の表面温度は約6000℃、表面から約2000km上空にある大気層の「コロナ」は100万℃もの高温です。太陽の直径は地球の約109倍もあり、太陽系全体の中で、質量の99％が太陽に集中しています。太陽のまわりをまわる太陽系の天体は、太陽の巨大な重力に支配されながら動いています。

太陽データ

直径：約139万2000km（地球の約109倍）
質量：約1.99×10³⁰kg（地球の約33万倍）
表面温度：約6000℃
地球からの距離：約1億5000万km

太陽の内部構造

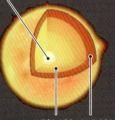

中心核（水素とヘリウム）
放射層　対流層

なぜ太陽を探査するの？

　太陽は、地球のいちばん近くにある恒星です。太陽を観測することで、恒星の性質を調べることができます。また、太陽は地球の気象に密接に関係していて、地球温暖化などについて考える上でも、観測することが重要です。加えて、太陽の表面で爆発現象（太陽フレア）が起きると、GPSなどに影響することもあり、継続的な観測が必要です。

人類史上初の太陽探査

　1960年3月11日、世界初の惑星間空間探査機のパイオニア5号が打ち上げられ、地球と金星の間で太陽を周回する軌道に投入されました。パイオニア5号の観測で、惑星間空間の弱い磁場が初めて確認されたほか、太陽風*も測定されました。遠距離での通信をテストすることもパイオニア5号の目的のひとつでした。1960年6月26日、地球から3640万kmという、当時の最長記録からの通信に成功しました。

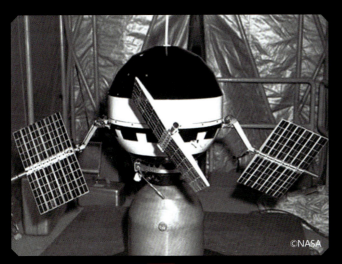

パイオニア5号 🇺🇸
1960年4月30日まで正常に動作していた。6月26日を最後に通信がとだえた。

開発年表
太陽編

- **1960年** アメリカの**パイオニア5号**が地球と金星の間の軌道に投入され、太陽風を測定
- **1962年** アメリカが太陽観測衛星**OSO1号**を打ち上げ、太陽の周期を観測
- **1974年** アメリカと西ドイツが**ヘリオス1号**を太陽周回軌道に投入、太陽活動を観測開始
- **1976年** アメリカと西ドイツの**ヘリオス2号**が太陽周回軌道に投入され太陽活動を観測開始、太陽から**4343万2000km**に接近
- **1980年** アメリカが**ソーラー・マックス**を打ち上げ、太陽の活動周期を調査開始
- **1981年** 日本が初の太陽観測衛星**ひのとり**を打ち上げ、太陽フレアなどの観測開始
- **1991年** 日本が**ようこう**を打ち上げ、太陽フレアなどの観測開始
- **2006年** 日本が**ひので**を打ち上げ、太陽の活動や現象の観測開始
- **2010年** アメリカが**ソーラー・ダイナミクス・オブザーバトリー**を打ち上げ、太陽の活動や現象の観測開始
- **2017年** アメリカの**ゴーズ**、太陽の活動や現象の観測開始
- **2018年** アメリカが**パーカー・ソーラー・プローブ**を打ち上げ、コロナの観測開始
- **2020年** ESAが**ソーラー・オービター**を打ち上げ、極域*の観測をめざす
- **2028年** 日本を中心に開発が進められている**SOLAR-C**が打ち上げ予定

---

*太陽風……太陽から放出された、電気をおびた高温の粒子（プラズマ）の流れのこと。
*極域………地球や太陽などの北極と南極付近の領域のこと。

太陽のなぞにせまる

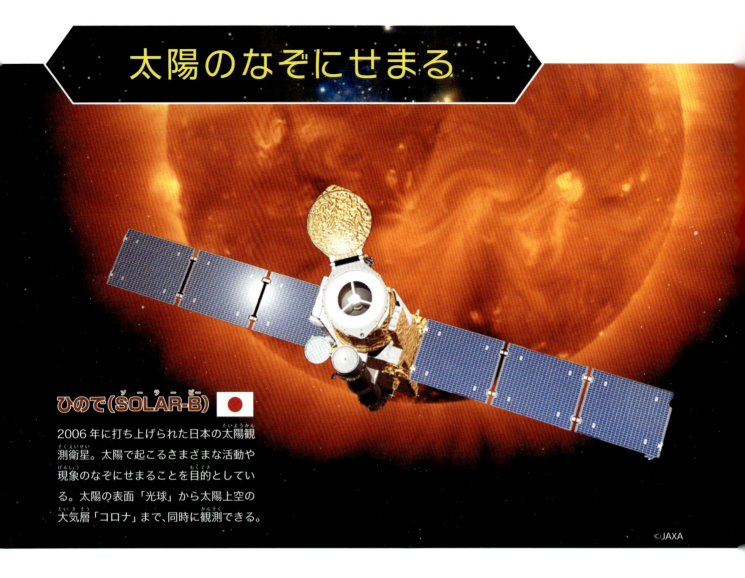

ひので(SOLAR-B) 🇯🇵

2006年に打ち上げられた日本の太陽観測衛星。太陽で起こるさまざまな活動や現象のなぞにせまることを目的としている。太陽の表面「光球」から太陽上空の大気層「コロナ」まで、同時に観測できる。

©JAXA

太陽に接近!

　太陽系の惑星で、いちばん太陽に近いのは水星です。1970年代に打ち上げられた探査機のヘリオスは、水星よりも内側で、太陽の表面活動のようすや太陽風の測定などをおこなうことを目的としていました。ヘリオス1号は1974年12月、ヘリオス2号は1976年1月に打ち上げられ、太陽周回軌道に投入されました。ヘリオス2号は、1976年4月に、太陽から4343万2000kmまで接近しました。これは、2018年に探査機のパーカー・ソーラー・プローブ（8ページ）が記録を破るまで、太陽に近づいた人工物の最接近記録でした。

ヘリオス1号、2号

当時の西ドイツが探査機を開発し、アメリカが打ち上げた。ヘリオス2号は1980年3月まで、ヘリオス1号は1982年後半まで、地球へデータを送信した。2機は同型。

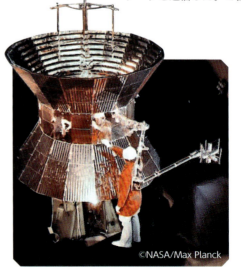

©NASA/Max Planck

太陽の活動や黒点を観測

　太陽は、およそ11年周期で、活動が活発な「活動極大期」と、おだやかな「活動極小期」をくりかえしています。1980年2月、太陽は、活動極大期のなかでも、もっとも活動が活発だと思われる時期をむかえていました。アメリカのソーラー・マックスが打ち上げられたのは、そのような時でした。太陽の表面には「黒点」という黒い斑点が見られます。太陽の表面温度は約6000℃ですが、黒点の部分は約4000℃と温度が低く、そのため暗く見えているのです。活動極大期には黒点の数が多くなるため、太陽は暗くなると予想されていましたが、ソーラー・マックスの観測の結果、実際には明るくなることなどが発見されました。

日本の太陽探査

　1981年2月に、ひのとりが打ち上げられて以来、日本の太陽観測衛星は、太陽の活動や発生する現象を調べてきました。1991年8月にはようこうが打ち上げられました。ようこうが観測したデータからは、太陽フレアが「磁気リコネクション」とよばれる強いエネルギーを放出する現象によって引き起こされることなどがわかりました。2024年現在はひのでが太陽を観測しています。

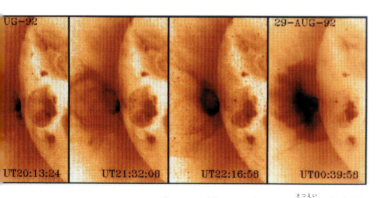

ようこうが1992年8月に撮影した太陽。
©JAXA

ソーラー・マックス(SMM) 🇺🇸

©NASA/MSFC

装置の故障により、3年間にわたって観測を停止していたが、1984年にスペースシャトルでソーラー・マックスを回収して、船外活動で修理した。1989年11月に大気圏に再突入＊して燃えつきた。

ひのとり(ASTRO-A)

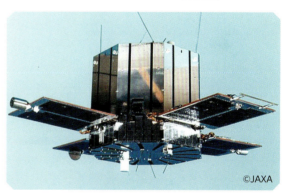
©JAXA

日本初の太陽観測衛星。1980～1981年の太陽活動がもっとも活発な時期をめざして打ち上げられた。コロナの中に5000万℃の高温現象を発見するなどの成果を上げた。

ようこう(SOLAR-A)

©JAXA

1991年打ち上げから2001年まで10年以上にわたり観測を続けた。太陽のほぼ1周期分（約11年）の観測を連続しておこなった世界初の太陽観測衛星。

＊再突入……人工衛星や宇宙船が宇宙空間から惑星の大気層に突入すること。

数千万℃のフレアを調査

ソーラー・オービター ESA
2020年2月打ち上げ。最接近時には水星の公転軌道より内側まで近づく。最大33度のかたむきをもつ公転軌道から太陽の極域を観測することをめざす。

パーカー・ソーラー・プローブ 🇺🇸
2018年8月に打ち上げられた。2024年12月24日には太陽から約610万kmまで接近。太陽にもっとも近づいた人工物。

©Solar Orbiter: ESA/ATG medialab; Parker Solar Probe: NASA/Johns Hopkins APL

太陽コロナに飛びこむ

現在、ソーラー・オービターとパーカー・ソーラー・プローブという2機の太陽探査機が、太陽をまわりながら観測をおこなっています。ソーラー・オービターは太陽の北極や南極を初めて観測します。パーカー・ソーラー・プローブは太陽の大気層、コロナの中を史上初めて通過しながら観測をおこないました。一方、日本が中心となり、開発が進められている太陽観測衛星 SOLAR-C は、コロナや太陽風がどのようにつくられるのかなどを探ります。

SOLAR-C 🇯🇵

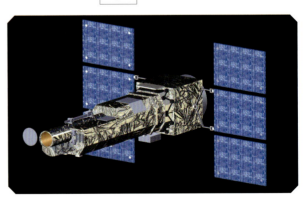

太陽の表層部分の「彩層」から太陽フレアまで、広い範囲の温度の領域をすき間なく観測することができる。2028年度の打ち上げをめざして開発が進められている。
©NAOJ/JAXA

宇宙コラム

宇宙天気予報

　地球の天気予報のように、宇宙にも宇宙天気予報とよばれる天気予報があります。これは、太陽の活動によって宇宙空間の状態がどのように変化するのかを予測することです。たとえば太陽の、地球に面した側で爆発現象の太陽フレアが起きると、太陽から大量の高エネルギー粒子やX線などの放射線が放出されます。それらが地球まで届くと、地球の磁場が乱れて送電線などの電気設備に影響が出た結果、大規模な停電が発生することがあります。また、地球をとりまく層のひとつ「電離層」が乱れることで、無線通信ができなくなることもあります。ほかにも人工衛星の電子機器が故障したり、GPSの位置情報がずれてしまうこともあります。

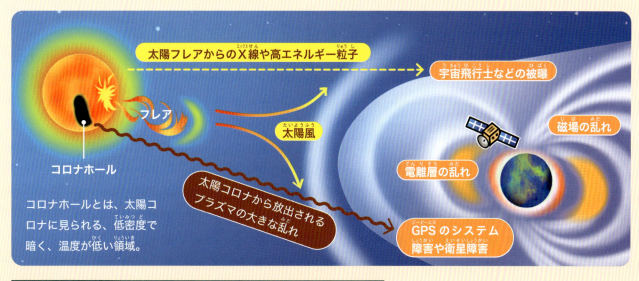

「宇宙天気」の観測に役立てられている人工衛星

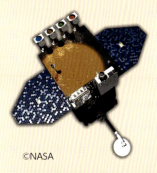

ソーラー・ダイナミクス・オブザーバトリー (SDO)

2010年に打ち上げられた太陽観測衛星。太陽全体をつねに監視している。

©NASA

ゴーズ(GOES-R)

静止軌道＊から、地球の気象観測とともに太陽活動の監視もおこなっている。

©NOAA/Lockheed Martin

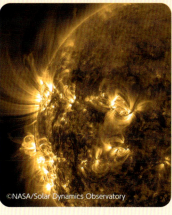

ソーラー・ダイナミクス・オブザーバトリーが撮影した太陽のコロナ。

©NASA/Solar Dynamics Observatory

オーロラは、太陽風が地球の大気にぶつかり発光することで出現する。太陽活動が活発になるとオーロラも発生しやすくなる。

＊静止軌道……赤道上空の高度約3万6000kmの円軌道を、地球の自転周期と同じ24時間で周回する。地上から見ると、つねに止まっているように見えることから「静止軌道」という。

水星へ

水星は太陽の近くにあるため、地上からでは観測しにくい惑星です。探査機を送りこむのも難しく、これまで水星を観測した探査機は2機しかありません。

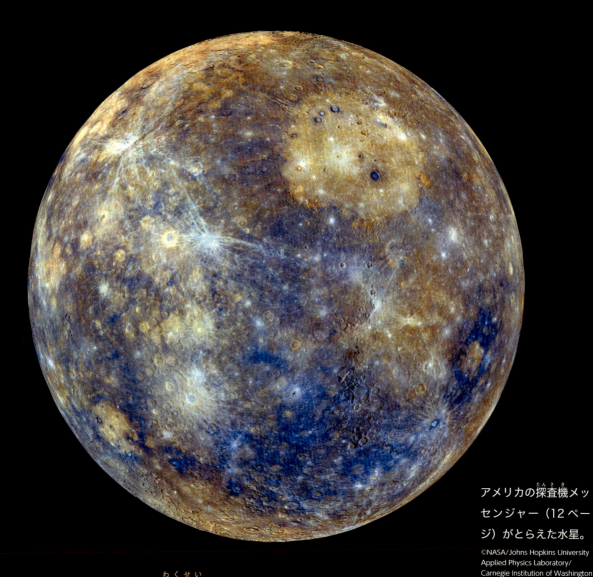

アメリカの探査機メッセンジャー（12ページ）がとらえた水星。
©NASA/Johns Hopkins University Applied Physics Laboratory/ Carnegie Institution of Washington

太陽にもっとも近い惑星

水星は、太陽系でいちばん小さな惑星です。表面は、小さな天体がぶつかってできたクレーターにおおわれています。最大のクレーター「カロリス盆地」は、直径が1550km（日本の本州と同じくらいの長さ）もあります。太陽に近く、強い日光をあびていることから、昼間の表面温度は約430℃になります。ただし、水星のまわりには大気がなく、熱をためておくことができないため、夜は温度が-180℃まで下がります。

水星データ

直径：約4880km（地球の約0.4倍）
質量：約0.33 ×10^{24} kg（地球の約0.06倍）
表面温度：-180 〜 430℃

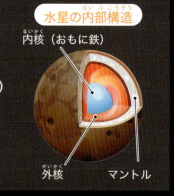

水星の内部構造
内核（おもに鉄）
外核
マントル

©Alamy/アフロ

なぜ水星を探査するの？

太陽系には、4つの岩石惑星*があり、その中で固有の磁場と磁気圏*があるのは地球と水星だけです。水星の磁場を調べることは、水星の起源や進化だけでなく、地球をよりよく理解することにもつながります。また、水星は密度が高く、太陽系でもっとも小さい惑星です。水星が太陽系のいちばん内側でどのように形成されたのか調べることは、太陽系の惑星のはじまりや進化を探る上で重要です。

開発年表 水星編

- **1973年** アメリカの**マリナー10号**が打ち上げ、1974年に水星へ接近し観測開始
- **2004年** アメリカの**メッセンジャー**が打ち上げ、2011年に水星へ到着
- **2018年** 日本とESAが**ベピコロンボ**を打ち上げ、2026年に水星へ到着予定

人類史上初の水星探査

水星に初めて接近して観測をおこなった探査機は、アメリカのマリナー10号です。1973年11月に打ち上げられたマリナー10号は、1974年2月に金星へ接近したのち、太陽を周回しながら1974年から1975年にかけて3度、水星に接近しました。3度の接近でマリナー10号は、水星のほぼ半分を撮影することに成功しました。またマリナー10号の観測によって、水星に弱い磁場があることなどがわかりました。

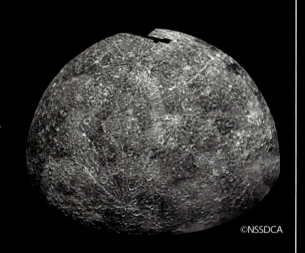
©NSSDCA

©NSSDCA

マリナー10号 🇺🇸

マリナー10号は、1974年3月29日、9月21日、1975年3月16日と、176日ごとに3度、水星に接近した。水星の公転周期は88日なので、176日は水星の2年にあたる。

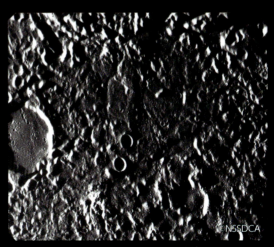
©NSSDCA

上下2枚ともに、マリナー10号が撮影した水星の表面。マリナー10号は3度の接近で、合計2700枚以上の水星の画像を撮影し地球に送信した。

*岩石惑星……太陽系の惑星のうち、水星、金星、地球、火星は、おもに岩石からできた「岩石惑星」とよばれる。
*磁場と磁気圏……磁場とは磁力がはたらいている空間のこと。地球は磁場をもつ。磁気圏とは磁場の影響が強くおよぶ領域のこと。

水星のなぞにせまる

メッセンジャー 🇺🇸
2004年に打ち上げられ、合計6回のスイングバイの後、2011年に水星へ到着した。水星表面の画像を10万枚近く撮影。

©NASA/Johns Hopkins University Applied Physics Laboratory/Carnegie Institution of Washington

「スイングバイ」で水星まで

　少ない燃料（推進剤）しか積むことができない惑星探査機が遠くの惑星をめざすとき、通過する天体の重力を利用して加速したり減速したりする方法があります。これを「スイングバイ」といいます。探査機のメッセンジャーは、このスイングバイの技術を使って水星へ向かいました。メッセンジャーは2015年まで周回しながら水星を観測し、水星全体を撮影しました。また水星の磁気圏（11ページ）を観測したほか、過去の噴火のあとや水星の南極にあるクレーターのなかに氷があることも確認しました。

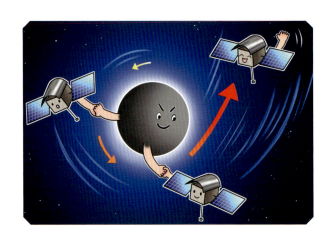

スイングバイは、探査機が天体のそばを通過するときに、天体の重力で加速・減速したり、方向を変えたりする技術のこと。接近する短時間の間に各種探査をおこなうなど観測に重点を置く場合は、特にフライバイとよぶ。

水星へ

2機が協力して探査

　現在、日本とESAが共同で進めるベピコロンボが水星に向かっています。ベピコロンボは、ESAの水星表面探査機（MPO）と、日本の水星磁気圏探査機「みお（MMO）」の2機の周回機が連結した状態で水星へ向かう計画です。2018年に打ち上げられたベピコロンボは、メッセンジャーと同じように、地球や金星、水星でのスイングバイを利用して、最終的に2026年11月に水星の周回軌道に入る予定です。水星に到着したら、分離してそれぞれ観測をおこないます。

水星表面探査機（MPO） ESA

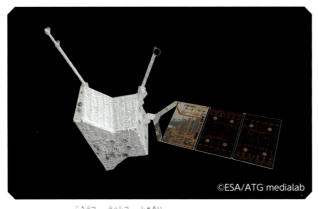

水星の地形や鉱物・物質の種類、重力のはたらきなどをくわしく測定する。

みお（MMO）

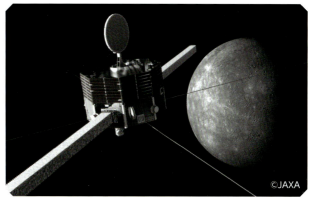

MPOより高い高度から、おもに水星の磁場や磁気圏の観測のほか、水星のうすい大気の観測もおこなう。

宇宙コラム　探査機の種類

探査機は、どのように観測するかによって、おもに下のようなタイプに分けられます。

オービター　天体を周回する人工衛星となって観測をおこなう。天体などの近くを通過しておこなう「フライバイ」による探査とくらべて、長期間、対象の惑星全体をくわしく観測することができる。

ランダー　天体の表面に着陸して観測をおこなう探査機。活動は着陸地点の周辺に限られるが、表面のようすや環境などを、その場で直接観測することができる。

ローバー　天体の表面に着陸したのち、着陸地点から地面を移動しながら観測をおこなう。移動しながらの探査にはローバーのほかにヘリコプタータイプもある。

プローブ　プローブは、宇宙空間の探査機から放出され、天体への降下中や着陸後に観測をおこなう子機のこと。

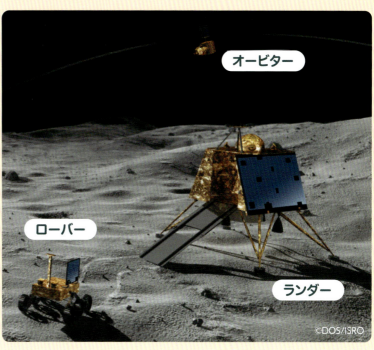

金星へ

金星は地球の「双子星」とよばれることがあるほど、大きさや密度が似ています。しかし表面の環境は地球とは大きく異なることがわかっています。

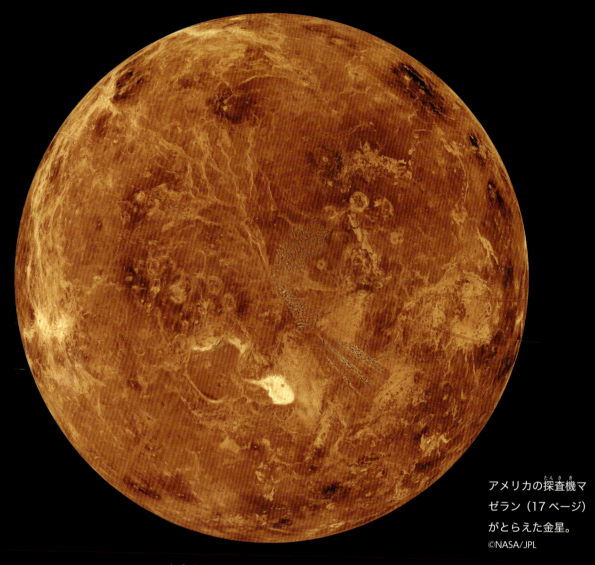

アメリカの探査機マゼラン（17ページ）がとらえた金星。
©NASA/JPL

地球にもっとも近づく惑星

金星は、大きさや質量が地球によく似て、どちらの惑星にも大気があります。ただ金星の大気はとても厚く、表面付近の気圧は地球の90倍もあります。また金星の大気のおもな成分は二酸化炭素です。その温室効果によって、表面の気温は約470℃の高温です。金星全体をおおう硫酸の雲が太陽光をよく反射し、距離が近いこともあって、地球からはとても明るく見えます。金星は、火星とともに初期の探査のターゲットとなりました。

金星データ

直径：約1万2104km
　　　（地球の約0.95倍）
質量：約 4.86×10^{24} kg
　　　（地球の約0.8倍）
表面温度：
約470℃

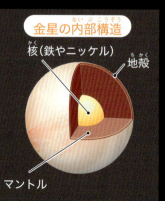

金星の内部構造
核（鉄やニッケル）
地殻
マントル

©Alamy/アフロ

14

なぜ金星を探査するの？

金星の表面にはかつて海が存在していた可能性があります。しかし現在の地球が温暖で海がある一方、金星には海はなく灼熱の世界になっています。大きさや密度、惑星の構造が似ているにもかかわらず、ふたつの惑星の間でどうしてそのような差が生まれたのか。金星を探査することは、地球が生命あふれる惑星になった理由を探ることにもつながります。

人類史上初の金星探査

1962年8月に打ち上げられたマリナー2号は、12月に金星へ接近しました。金星の昼側と夜側とで温度に大きな差がないことや、高度56〜80kmのあたりに厚い雲の層があることなどを発見しました。当時、金星に大型の生物が存在する可能性も考えられていましたが、マリナー2号のデータは地表の温度が200℃以上であることをしめしており、生物が存在できないことが明らかになりました。

©NASA/JPL

マリナー2号 🇺🇸

金星から3万4854kmの距離まで接近した。金星に限らず、惑星探査を世界で初めて成功させた探査機となった。

開発年表 金星編

1962年 ● アメリカが**マリナー2号**を打ち上げ、金星へ接近し観測

1967年 ● ソビエトが**ベネラ4号のプローブ（子機）**を金星の大気に落下させ、大気データを収集

1970年 ● ソビエトの**ベネラ7号**が金星へ世界初の着陸

1975年 ● ソビエトの**ベネラ9号**が金星の表面の画像を地上へ送信

1978年 ● アメリカが**パイオニア・ビーナス1号、2号**を打ち上げ、表面の地形や温度を観測

©NASA/Ames Research Center

パイオニア・ビーナス1号のオービター。17個の実験機器を運んだ。

1990年 ● 前年に打ち上げられたアメリカの**マゼラン**が、金星へ到達し、高解像度で観測

2010年 ● 日本の金星探査機**あかつき**が打ち上げ（2024年末現在も観測を続ける）

2030年 ● 新たな金星探査機**ダビンチ**をアメリカが打ち上げ予定

2030年代 ● 新たな金星探査機、**エンビジョン**をESAが、**ベリタス**をアメリカが打ち上げ予定

15

金星のなぞにせまる

あかつき 🇯🇵
2015年から金星を周回する日本の探査機。金星の大気のなぞにせまる観測をおこなってきた。
©池下章裕

地球以外の惑星に初着陸!

1960年代以降、ソビエトは次つぎに金星へ探査機ベネラを送りこみました。1967年のベネラ4号は、プローブ（13ページ）を大気に落とし、金星の大気のデータなどが観測されました。1970年の7号は着陸に世界で初めて成功、1975年の9号からは表面の画像も送られてきました。一方、アメリカは1978年、パイオニア・ビーナスを金星へ送ります。1号はレーダーで金星表面の地形を観測、2号はプローブを大気に落とし温度などを観測しました。

パイオニア・ビーナス2号 🇺🇸
パイオニア・ビーナス2号には4つのプローブが積みこまれていた。

©NASA / Paul Hudson

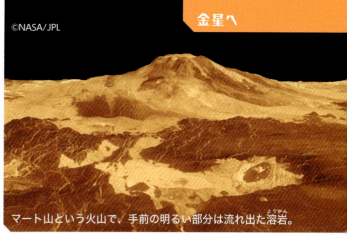
金星へ

金星表面のすがたを撮影

金星は、全体的に雲におおわれているため、可視光線＊を使った方法では宇宙から表面を観測することはできません。アメリカの金星探査機マゼランは、雲を通りぬけるレーダーを使って金星表面の約98％の領域を鮮明に観測し、多くの火山や溶岩流、パンケーキ状の地形などを発見しました。

マート山という火山で、手前の明るい部分は流れ出た溶岩。

マゼラン 🇺🇸

1989年5月に打ち上げられ、1990年8月に金星へ到着。1994年10月まで金星を周回しながら観測をおこなった。

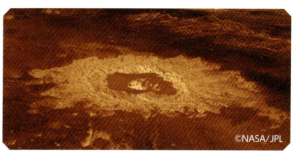

直径37.3kmのクレーター。クレーターについてくわしく調べることで、金星の気候や大気、地質の歴史を探る重要な手がかりが得られると期待される。

きびしい環境にいどむ

アメリカとESAは、金星へ新たな探査機を送ることにしています。アメリカが打ち上げるダビンチは、金星の近くを通過しながらの探査をおこないつつ、金星大気中にプローブを降下させる計画です。ベリタスはレーダー観測や内部構造の調査をおこないます。ESAのエンビジョンはマゼランより細かく表面を観測するほか、金星の大気や内部に関する調査もおこないます。

ダビンチ 🇺🇸

2030年の打ち上げをめざしている。チタン製のプローブが降下し、大気や地表を調査する予定。

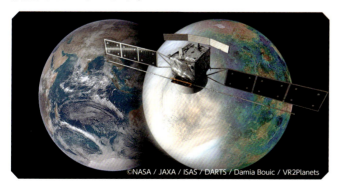

エンビジョン ESA

2030年代初頭の打ち上げをめざしている。金星の内部から大気までを調査する予定。

ベリタス 🇺🇸

2031年以降の打ち上げをめざしている。観測によって、金星表面のくわしい地図をつくる予定。

＊可視光線……太陽の光など、人間が目で見て感じることができる光のこと。

火星へ

火星は、太陽系の惑星の中でもっとも多くの探査機が送られてきた惑星です。上空から観測しただけでなく、表面に降りた探査機がいくつもあります。

1999年に探査機のマーズ・グローバル・サーベイヤー（21ページ）が撮影した画像をもとに作成された火星の画像。
©NASA/JPL/MSSS

岩石でできた惑星

火星は地球の半分ほどのサイズの惑星です。小さいながらも火星には、高さが21km以上もある火山や、長さが4000kmにもおよぶ峡谷など、巨大な地形がたくさんあります。表面は二酸化炭素をおもな成分とするうすい大気があり、空には雲がうかぶこともあります。また、火星全体がおおわれてしまうほどの巨大な砂嵐が発生することがあります。火星が赤く見えるのは、表面に酸化鉄（鉄のさび）がたくさんあるからです。

火星データ

直径：約6792km
　　（地球の約0.5倍）
質量：約 0.64×10^{24} kg
　　（地球の約0.1倍）
表面温度：
－120～－60℃

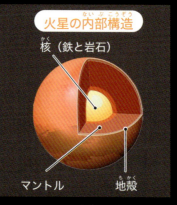

火星の内部構造
核（鉄と岩石）
マントル
地殻
©Alamy/アフロ

なぜ火星を探査するの？

岩石でできた大地がある火星は、地球に似た環境をもつ惑星です。現在の火星は寒く乾燥していますが、かつては温暖で長期間にわたり海があったと考えられています。過去の火星は生命が存在しうる環境だったのか、そして生命は存在したのかを探ることが火星探査の大きな目的です。また火星は、月に次ぐ有人探査の目的地としても注目されています。

人類史上初の火星探査

1964年11月、火星をめざしてマリナー4号が打ち上げられました。マリナー4号は1965年7月に火星へ最接近し、その前後で火星表面の画像を撮影しました。観測により、火星の大気がとてもうすいこともわかりました。地球以外の惑星の画像をすぐ近くから撮影して送信したのは、マリナー4号が史上初めてでした。当時、火星には人工的な運河があると考える人もいました。しかしマリナー4号が送ってきた画像に写る火星表面はクレーターだらけで、人工的なものは何も写っていませんでした。

©NASA

マリナー4号 🇺🇸
アメリカが打ち上げた火星探査機。失敗に終わった同型の火星探査機マリナー3号の打ち上げから約3週間後に打ち上げられた。

開発年表
火星編

1965年	アメリカの**マリナー4号**が火星に到達
1971年	5月、ソビエトが**マルス2号**、**3号**を打ち上げ。12月2日に火星の周回軌道へ入る
	5月、アメリカが**マリナー9号**を打ち上げ。11月14日に火星の周回軌道へ入る
1976年	アメリカの**バイキング1号**、**2号**が火星への着陸に成功
1988年	ソビエトが**フォボス1号**、**2号**を打ち上げ、2号が火星の周回軌道へ入る
1997年	7月、アメリカの**マーズ・パスファインダー**が火星へ着陸
	9月、アメリカの**マーズ・グローバル・サーベイヤー**が火星の周回軌道へ入る
1998年	日本初の火星探査機**のぞみ**打ち上げ
2004年	アメリカの**マーズ・エクスプロレーション・ローバー**が火星へ着陸
2006年	アメリカの**マーズ・リコネッサンス・オービター**が火星の周回軌道へ入る
2012年	アメリカの**キュリオシティ**が火星へ着陸
2014年	インドの**マンガルヤーン**が火星の周回軌道へ入る
2018年	アメリカの**インサイト**が火星へ着陸
2021年	アメリカの**パーサビアランス**、中国の**天問1号**が火星へ着陸
2026年	日本が**MMX**の打ち上げを予定

火星のなぞにせまる

地球から火星まで
～ソビエトの挑戦～

1964年打ち上げのアメリカのマリナー4号に先立ち、ソビエトは1960年から1962年まで、5機の火星探査機を打ち上げましたがすべて失敗に終わりました。1971年に打ち上げられた同型の探査機マルス2号と3号は火星の周回軌道に入ることに成功。1988年にはフォボス1号、2号が打ち上げられ、2号が火星の周回軌道に到達しました。その2か月後、衛星フォボスへ接近中に故障して通信がとだえました。

初めて地球以外の惑星の人工衛星に！
～アメリカの挑戦～

アメリカはマリナー4号に続きマリナー6号、7号で火星の近くを通過しながらのフライバイ探査をおこないました。つづいて、1971年、火星周回をめざすマリナー8号、9号が打ち上げられました。8号は打ち上げに失敗しましたが、9号は火星まで到着し、火星を周回する軌道に入りました。ほかの惑星の人工衛星になったのはマリナー9号が世界で初めてです。マリナー9号は7329枚の画像を撮影するなどの成果を上げました。

マルス2号、3号

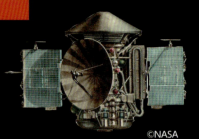

2号のランダー（13ページ）は火星表面に到達（衝突）した初めての人工物となったものの、科学的な成果はほとんどなかった。

フォボス2号

通信がとだえる前に、火星や衛星フォボスの高解像度画像を38枚撮影した。

マリナー9号

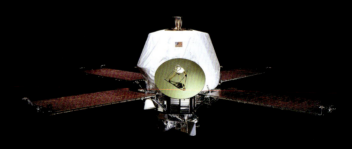

1971年5月に打ち上げられ、11月に火星へ到着。1972年10月まで観測をおこなった。

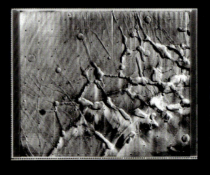

マリナー9号が撮影した、峡谷が複雑にからみあう地形。マリネリス峡谷（22ページ）の西にある。

火星へ

探査機の火星着陸に初成功

アメリカは1975年、同型の2機の探査機、バイキング1号と2号を火星へ送りました。1号、2号ともにオービター（13ページ）とランダーからなります。オービターは上空から高解像度で火星全体を撮影したほか、火星の大気や表面温度も観測しました。一方、火星着陸に初めて成功したランダーは表面の写真撮影のほか、大気の組成なども調査。また表面のサンプルを採取して生命の痕跡を探しましたが見つかりませんでした。

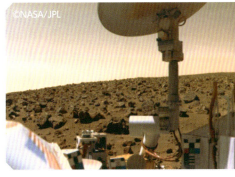

バイキング 1号、2号

左はバイキングのオービター、右はランダー。バイキング1号のランダーは1976年7月に火星のクリュセ平原へ、2号のランダーは1976年9月にユートピア平原へ着陸した。

22〜23ページの地図も見てみよう

バイキング2号のランダーがとらえた火星の表面。遠くまで赤い岩が転がっている。大地だけでなく空も赤く写っている。

火星の地図づくり

バイキングの探査から約20年後の1997年9月、マーズ・グローバル・サーベイヤーが火星の周回軌道に入りました。地形図づくりのための観測をおこない、開始から2年足らずで、それまでのすべての火星探査機を合わせたよりも多くの画像を撮影。最終的に24万枚におよぶ火星表面の画像を撮影したほか、レーザー高度計によって火星全体の精密な3次元地形図をつくることにも成功しました。

マーズ・グローバル・サーベイヤー

1999年3月から火星表面の観測をスタートした。2006年11月に通信がとだえ、活動を終了。

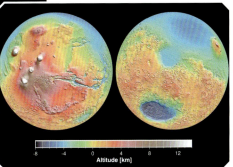

火星の地形図。火星表面に向けてレーザーを発射し、はねかえってもどってくるまでの時間をもとに地表の高さを測定し、色付けしている。

火星の生命探査

生命が存在する条件

生命が生まれ、生きていくためには水と有機物＊、エネルギーが必要と考えられています。温暖で湿度が高かったころの火星では、それらの条件がそろっていて生命が存在していた可能性があります。今も火星の地下などに液体の水があれば、生命が生きている可能性もあると考えられています。

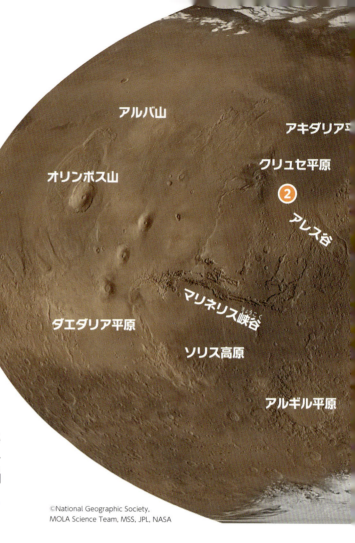

©National Geographic Society, MOLA Science Team, MSS, JPL, NASA

インサイト 🇺🇸 ❶

2018年に火星へ着陸し、おもに火星の地震を観測したランダー（13ページ）。インサイトの観測から火星の地殻に液体の水をたくわえている層があるとわかった。

©JPL/NASA

マーズ・リコネッサンス・オービター 🇺🇸

2006年に火星の周回軌道へ入り探査開始。高解像度カメラや高性能の観測装置を備え、火星の地形や地層、鉱物などを調査している。

マーズ・エクスプロレーション・ローバー 🇺🇸

2004年、スピリットとオポチュニティという同型のローバーが火星着陸に成功。2機のローバーは、水がある環境で形成される鉱物や、温泉や間欠泉のような環境で形成される鉱物などを発見した。

ソジャーナ
©NASA/JPL

マーズ・パスファインダー 🇺🇸 ❷

マーズ・パスファインダーは、1997年に火星へ着陸したランダー。火星表面を移動した初のローバー（13ページ）タイプの探査機であるソジャーナを搭載していた。着陸地点のアレス谷は、かつて水が流れていたと考えられる場所。

スピリット ❸
©NASA/JPL-Caltech

オポチュニティ ❹
©NASA/JPL/Cornell University

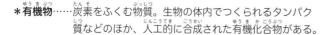

＊有機物……炭素をふくむ物質。生物の体内でつくられるタンパク質などのほか、人工的に合成された有機化合物がある。

火星へ

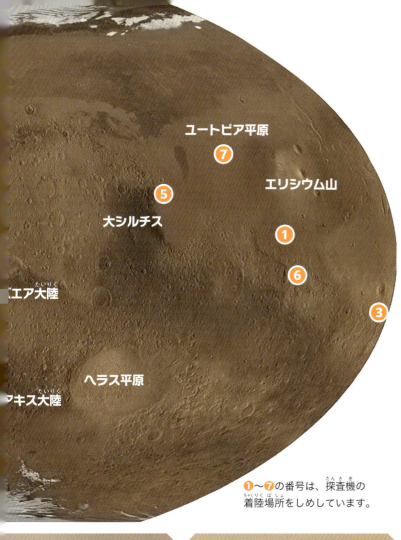

①～⑦の番号は、探査機の着陸場所をしめしています。

天問1号 🇨🇳 ⑦

ローバー「祝融」（写真右）を積みこんだランダーの天問1号（写真左）は2021年5月に着陸に成功。着陸地点で水の痕跡を発見した。分離可能なカメラを使い、自撮り画像も撮影。

©新華社／アフロ

宇宙コラム
火星探査に挑戦する国ぐに

このページでは、アメリカと中国の探査機を紹介していますが、他にも火星探査に挑戦している国があります。

インドは、2014年9月に火星の周回軌道へ初の火星探査機マンガルヤーンを投入することに成功しました。UAE（アラブ首長国連邦）は、2020年7月に、日本のH-IIAロケットでオービター（13ページ）タイプの火星探査機ホープ（Al Amal）を打ち上げました。探査機は2021年2月に火星に到着しています。

インジェニュイティ
©NASA/JPL-Caltech

パーサビアランス 🇺🇸 ⑤

火星探査計画「マーズ2020」で、2021年に火星へ着陸した最新のローバー。過去に生命が存在したことを思わせる岩石などを発見。ローバーに積みこまれていたヘリコプター、インジェニュイティの総飛行時間は2時間以上におよんだ。

©NASA/JPL-Caltech/MSSS

キュリオシティ 🇺🇸 ⑥

2012年に火星へ着陸した大型のローバー。2024年現在も稼働中。かつて水があったことをしめす岩石を発見したほか、古い堆積岩の中に有機分子*を発見。

©NASA/JPL-Caltech

2013年の打ち上げ前に撮影されたマンガルヤーン。周回軌道へ投入後、2022年4月に通信がとだえた。

©Pallava Bagla

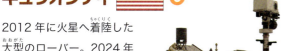

*有機分子……有機分子とは炭素と水素からなる物質で、酸素や窒素などがふくまれることもある。生命のもととなる物質。

探査機がとらえた火星

きびしい環境が生み出す美しい地形

　22〜23ページで紹介した、オービターやローバーなどさまざまなタイプの探査機がとらえた火星の風景を紹介します。巨大火山のような地形だけでなく、地球とは異なる色をした夕焼けや塵旋風（つむじ風）などの気象現象まで、宇宙から、そして火星表面から、探査機は数多くの風景を撮影してきました。

くまのような起伏

2022年、マーズ・リコネッサンス・オービター（22ページ）が撮影。亀裂やクレーターがくまの顔のよう。

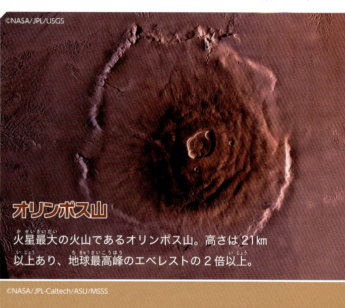

オリンポス山

火星最大の火山であるオリンポス山。高さは21km以上あり、地球最高峰のエベレストの2倍以上。

階段のように重なる地表

2008年にマーズ・リコネッサンス・オービターがクレーターの中を撮影。層状の堆積岩が階段状に見えている。

遠くにそびえる丘

2021年にパーサビアランス（23ページ）が撮影。岩が多く、ごつごつとした大地のようすが見て取れる。

火星の青い夕焼け

2005年、スピリット（22ページ）が撮影。火星では夕焼けは青っぽく見える。

火星のダストデビル

2012年にマーズ・リコネッサンス・オービターが撮影。高さは800m以上におよぶ塵旋風。「塵の悪魔」を意味し、大きな砂嵐へつながることもある。

これからの火星探査

火星の衛星を調べる

　火星の衛星フォボスで、サンプルを採取して地球へ持ち帰る計画MMXが日本で進められています。サンプル採取のほか、衛星の地形や表面の形状に関する情報、化学元素の調査などもおこないます。高性能な4K・8Kカメラや、衛星に降りる小型のローバー（13ページ）タイプの探査機が積みこまれます。火星の衛星へと向かう世界初のサンプルリターンミッションとなる予定です。

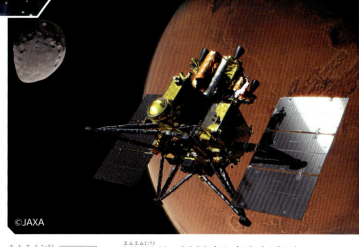

MMX 🇯🇵　MMXは、2026年に打ち上げられ、約1年後に火星に到着、2031年の帰還をめざしている。

火星から岩石サンプルを持ち帰る

　現在、パーサビアランス（23ページ）が火星表面を移動しながらサンプルを採取しています。サンプルを回収するための別の探査機を火星に送りこみ、パーサビアランスが収集したサンプルを地球に持ち帰ろうという「マーズ・サンプル・リターン」が計画されています。アメリカとESAによる共同計画です。

マーズ・サンプル・リターン

サンプルの回収には、ローバーのほかに小型ヘリコプターも使われる予定。

火星の有人探査へ！

　アメリカや中国は、人類を火星に送りこむ有人火星探査を検討しています。アメリカ・中国ともに2030年代での実現をめざしています。アメリカが現在考えているのは、アルテミス計画で建設する、月を周回する宇宙ステーション、ゲートウェイを拠点にして、火星に向かう計画です。ゲートウェイや月面での活動で、有人火星探査に必要な技術を検証しようとしています。

有人火星探査　有人火星探査の実現のために、日本をふくむ多くの国が協力して開発を進めている。

小惑星へ

はやぶさ2などによる探査で、近年、小惑星への注目度が高まっています。現在もさまざまな小惑星へ、複数の探査機が向かっています。

しずかにただよう小惑星

太陽系には小惑星とよばれる小さな天体が数多く存在しています。小惑星の多くは、火星と木星の公転軌道の間にある小惑星帯にあります。ほかにも地球に近づく軌道をもつ「地球近傍小惑星」や、惑星と同じ公転軌道上にある「トロヤ群小惑星」などもあります。トロヤ群小惑星は木星軌道で数多く見つかっています。小惑星の中でも小さなものは、重力が小さいため丸くならず、いびつな形をしています。

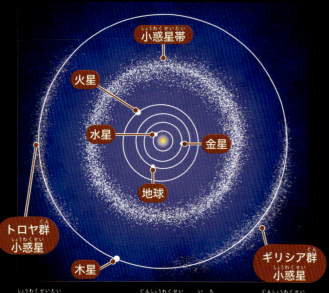

小惑星帯と木星のトロヤ群小惑星の位置。トロヤ群小惑星は、惑星の進行方向の前後60度はなれた付近に存在する。木星の進行方向側のトロヤ群はギリシア群とよばれる。

NEARシューメーカー 🇺🇸

1997年にマティルドに接近し通過、2000年にエロスを周回する軌道に入った。小惑星を周回した初めての探査機。

ドーン 🇺🇸

小惑星ベスタと準惑星ケレスを周回しながら探査した。ベスタには2011年、ケレスには2015年に到着。
©NASA

マティルド

小惑星帯にある小惑星。直径は約52.8km。
©NASA

エロス

地球近傍小惑星のひとつ。長さは約34km。
©NASA/JPL/JHUAPL

ケレス

小惑星帯にある準惑星。直径は約952km。
©NASA/JPL-Caltech/UCLA/MPS/DLR/IDA

ベスタ

小惑星帯にある小惑星。直径は約530km。
©NASA/JPL-Caltech/UCAL/MPS/DLR/IDA

なぜ小惑星を探査するの?

地球のような惑星はかつて、「微惑星」とよばれる小さな天体が衝突・合体をくり返して形成されたと考えられています。小惑星は微惑星の生き残りだと考えられており、小惑星を調べることで太陽系が生まれたころの環境にせまることができます。また衝突の危険がある小惑星から地球を守る惑星防衛や、小惑星の資源の利用の面からも注目されています。

近年の探査

ベンヌ / アポフィス

オサイリス・レックス 🇺🇸

2020年10月、地球近傍小惑星ベンヌのサンプルを合計121.6g採取し、2023年9月に地球へ持ち帰った。その後、小惑星アポフィスをめざしている。

サイキ 🇺🇸

2023年10月に打ち上げられ、小惑星帯にあるプシケをめざしている。金属が豊富な小惑星を観測する初のミッション。

プシケ

ルーシー 🇺🇸

2021年10月に打ち上げられ、木星のトロヤ群小惑星をめざしている。複数の小惑星を観測予定。

開発年表 — 小惑星編

- **1997年** アメリカのNEARシューメーカーがマティルドに接近し通過
- **2000年** NEARシューメーカーがエロスの周回軌道に入る
- **2005年** 日本の探査機はやぶさが小惑星イトカワのサンプルを採取
- **2010年** はやぶさがサンプルを地球へ届ける
- **2011年** アメリカのドーンがベスタに到着、探査開始
- **2015年** ドーンがケレスに到着、探査開始
- **2019年** 日本のはやぶさ2が2度、小惑星リュウグウに着地
- **2020年** 10月、アメリカのオサイリス・レックスが地球近傍小惑星ベンヌのサンプルを採取
- 12月、はやぶさ2がリュウグウから採取したサンプルを地球へ届ける
- **2021年** アメリカのルーシーが打ち上げ
- **2022年** アメリカの惑星防衛実験探査機ダートが、小惑星ディモルフォスに衝突して、軌道を変える実験に成功
- **2023年** 9月、オサイリス・レックスがサンプルを地球へ届ける
- 10月、アメリカのサイキが打ち上げられる
- **2026年** はやぶさ2が小惑星トリフネに接近予定

はやぶさ大解説！

はやぶさ

2005年11月に小惑星イトカワのサンプルを採取。エンジンなどの機器の異常や一時的な通信不能といった、多くのトラブルがあったものの、2010年6月に地球へ持ち帰ることに成功した。

はやぶさ2

2019年に2度、小惑星リュウグウに着地。2020年12月にサンプルを地球へ持ち帰った。

© 池下章裕

史上初の小惑星サンプルリターンに成功！

はやぶさは小惑星イトカワから、はやぶさ2は小惑星リュウグウからサンプル（表面の物質）を持ち帰ることに成功しました。小惑星からサンプルを持ち帰ったのは、はやぶさが史上初めての快挙でした。サンプルが入ったカプセルを地球に届けた後、はやぶさは地球の大気圏に突入して燃えつきました。一方のはやぶさ2は、地球にサンプルを届けた後も燃料が残っていたことから運用が延長されました。2026年7月に小惑星トリフネ、2031年に別の小惑星に接近予定です。

イトカワ

©JAXA

小惑星イトカワは、540m×270m×210mの大きさ。名前は、日本のロケット開発の父といわれる糸川英夫にちなんでいる。

リュウグウ

©JAXA、東大など

小惑星リュウグウの大きさは直径約900mでコマのような形をしている。表面の岩石には、多くの有機物がふくまれていると考えられている。

小惑星へ

長期間、加速を続けるエンジン

　はやぶさや、はやぶさ2では、小惑星に向かうときに「イオンエンジン」が使われました。両機のイオンエンジンは、イオン化したキセノンガスを電気の力で加速して噴射するエンジンです。力は弱いものの燃費がよく、長期間、加速し続けることができます。

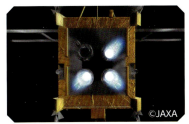

はやぶさ2のタッチダウン*の計画について図にしたもの。はやぶさ2は、降下と水平移動をくり返しながら、ゆっくりと小惑星の表面に近づいていった。

弾丸をぶつけてサンプリング

　はやぶさもはやぶさ2も、「サンプラーホーン」という筒状の装置を使ってサンプルを採取しました。タッチダウンの瞬間に、表面に向けて弾丸を発射し、飛び散ったサンプルをつかまえる装置です。はやぶさ2では、ねらった場所から、わずか1m前後のずれの範囲で着地するピンポイントタッチダウンにも成功しました。

イオンエンジンはロケットの打ち上げなどに使われるエンジンにくらべて10倍ほども燃費がよい。上の図は、はやぶさのイオンエンジンが点火したイメージ。

サンプラーホーン。

小さなサンプルからの大発見

　はやぶさ2では、約5.4gのサンプルが持ち帰られました。2023年にはサンプルの粒子から、生命の材料にもなるアミノ酸が発見されるなど、これまでさまざまなことが発見されてきました。現在も、世界中で分析が進められています。

はやぶさ2が2回目のタッチダウンで採取した大型の粒子。大きさは3〜10mm以上のものまである。

宇宙コラム　隕石ってなんだろう？

　小惑星の中には、地球に落ちてくるものがあります。小さいものは大気中で燃えつきますが、燃えつきずに地上まで落ちてきたものが隕石です。これまでに日本では50個以上、世界では約5万個が確認されています。

アフリカ南部のナミビアで発見されたホバ隕石。1個の隕石としてはこれまで発見された中で最大。たて横約2.7m、重さ60トン。8万年前に落ちたと考えられる。

*タッチダウン……宇宙探査機や飛行機が短時間の着陸や接地をおこなうこと。

木星へ

木星は土星とともに「巨大ガス惑星」とよばれ、おもにガスからできています。近年は、木星の衛星の地下海に生命が存在するのではないかと注目されています。

2000年に探査機のカッシーニ（36ページ）がとらえた木星。右下に大赤斑が見えている。
©NASA/JPL/University of Arizona

大赤斑

太陽系最大のガス惑星

木星はおもにガスからなる惑星で、その大きさは太陽系で最大です。木星の表面には赤道と平行なしまもようが見られます。また木星の南半球には「大赤斑」とよばれる高気圧による巨大なうずが存在しています。大赤斑は、少なくとも190年以上消えずに存在していますが、最近は少しずつ小さくなっていることがわかっています。木星は自転速度が10時間と非常に速く、そのため、やや平たい形をしています。

木星データ

直径：約14万2984km
　　　（地球の約11倍）
質量：約1898.13 × 10^{24} kg
　　　（地球の約318倍）
表面温度：
約-140℃

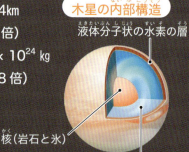

木星の内部構造
液体分子状の水素の層
核（岩石と氷）
液体金属水素とヘリウム

©Almy/アフロ

30

なぜ木星を探査するの？

木星の公転軌道は、惑星が形成された後に大きく移動し、その巨大な重力が太陽系内の物質をかきまぜた可能性があります。そのため、木星がどのように形成され、進化してきたのかを探ることは、太陽系の形成や進化を知るうえでも非常に重要です。また、衛星エウロパの地下にあると考えられている海について探ることは生命探査につながります。

人類史上初の木星探査

初めての木星探査をおこなった探査機は、アメリカのパイオニア10号です。1972年3月に打ち上げられたパイオニア10号は、1973年12月に木星へ最接近しました。パイオニア10号は木星と衛星の画像を500枚ほど撮影したほか、木星の磁場や大気の観測もおこないました。1986年6月には海王星の公転軌道をこえた初めての人工物になりました。1997年3月まで定期的な交信がおこなわれ、2003年1月を最後に通信がとだえました。

©NASA

パイオニア10号 🇺🇸

パイオニア10号には、太陽の位置をしめす図や、人間のすがたなどを記したアルミニウム板が積みこまれている。遠い星の知的生命体に向けたメッセージだ。

開発年表

木星編

- **1972年** アメリカの**パイオニア10号**が打ち上げ
- **1973年** **パイオニア10号**が木星へ最接近、史上初の木星探査をおこなう
- **1974年** アメリカの**パイオニア11号**が木星に接近し通過しながら観測をおこなう
- **1977年** アメリカの**ボイジャー1号、2号**が打ち上げ
- **1979年** **ボイジャー1号、2号**が木星に最接近し高解像度で撮影、木星の四大衛星の観測もおこなう
- **1995年** アメリカの**ガリレオ**が木星にたどり着き、周回軌道に入って探査開始

ガリレオのプローブ。©JPL

- **2003年** **ガリレオ**が運用終了となる
- **2016年** アメリカの**ジュノー**が木星にたどり着き、周回軌道に入って探査開始
- **2023年** ESAの**ジュース**が打ち上げ
- **2024年** アメリカの**エウロパ・クリッパー**が打ち上げ
- **2030年** **エウロパ・クリッパー**が木星へ到着予定
- **2031年** **ジュース**が木星に到着予定
- **2034年** **ジュース**が衛星**ガニメデ**の周回軌道へ投入される予定

31

木星のなぞにせまる

エウロパ・クリッパー 🇺🇸

2024年に打ち上げられ、2030年に木星へ到着予定。木星を周回しつつ衛星エウロパに約50回接近し、衛星のほぼ全体を観測する。

©NASA/JPL-Caltech

超巨大惑星のすがたをとらえる

パイオニア10号の木星最接近から約1年後の1974年12月、土星をめざすパイオニア11号が木星を通過しつつ観測をおこないました。その後、1979年3月にはボイジャー1号が、7月にはボイジャー2号が木星に最接近しました。2機のボイジャーは、木星表面の雲をパイオニアより高解像度で撮影したほか、「ガリレオ衛星*」とよばれる木星の四大衛星をくわしく観測、また木星のまわりに土星のようなうすいリングがあることも発見しました。衛星イオでは活火山が発見されました。地球以外の天体で活火山が発見されたのは初めてでした。

ボイジャー1号 🇺🇸

1977年9月に打ち上げられた。木星観測の後、1980年11月に土星へ最接近。2012年8月に太陽圏*を出て、現在も恒星間空間を航行中だ。

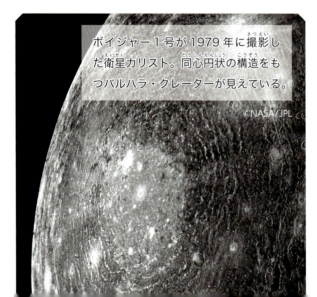

ボイジャー1号が1979年に撮影した衛星カリスト。同心円状の構造をもつバルハラ・クレーターが見えている。

©NASA/JPL

*太陽圏……太陽風の影響を受ける領域のこと。
*ガリレオ衛星……イタリアの天文学者、ガリレオ・ガリレイが発見した、木星の4つの衛星のこと。

衛星を探査

1995年には探査機のガリレオが木星にたどり着き、初めて木星を周回しながら観測をおこないました。到着直後にはプローブ（13ページ）を投下して大気の物質などを調査しました。ガリレオは衛星も間近から観測。ガリレオのデータからガニメデの磁場が発見されたほか、エウロパの地下に海があると考えられるようになりました。

ガリレオ

ガリレオは2003年に運用終了となった。

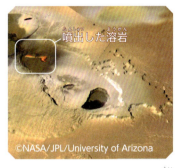

2000年にガリレオがとらえた衛星イオの火山。左側には、新たに噴出した溶岩も見えている。

イオ　エウロパ　ガニメデ　カリスト

ガリレオがとらえた木星の四大衛星（ガリレオ衛星）。ガニメデは、衛星としては太陽系でもっとも大きな天体で、直径は月の1.5倍もある。

生命の手がかりを追う

現在、ジュノーが木星を周回しています。その一方で、ジュースとエウロパ・クリッパーが木星に向かっています。ジュースは木星の衛星をくわしく調べることで、巨大ガス惑星がどのようにできたのか、探ることをおもな目的としています。エウロパ・クリッパーのターゲットは、その名の通りエウロパです。地下海に生命が存在しうるかどうかを調べることが目的のひとつです。

ジュノー

2016年に木星に到着。周回しながら木星の大気や内部構造などを調査してきた。

ジュース ESA

2031年に木星へ到着予定。2034年にガニメデの周回軌道に入る。

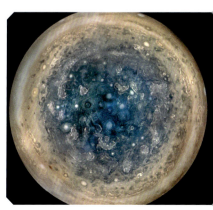

ジュノーがとらえた木星の南極。木星の南極を直接撮影したのはジュノーが初めてだった。

土星へ

土星の最大の特徴は、大きく、美しいリングです。最大の衛星タイタンには大気があり、液体の湖や海があることでも注目されています。

2016年に探査機のカッシーニ（36ページ）が撮影した土星。リングに土星本体の影が落ちている。
©NASA/JPL-Caltech/Space Science Institute

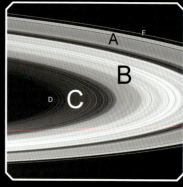

2004年にカッシーニが撮影した土星のリング。リングにはAからGまで名前が付けられている。なかでも「Aリング」「Bリング」「Cリング」はメインリングとよばれる。
©NASA/JPL/Space Science Institute

多くの衛星をもつ惑星

木星とともに「巨大ガス惑星」に分類される土星ですが、木星と比べると表面のもようはあまり目立ちません。土星の大きな特徴は、リングの存在です。メインリングは、たくさんの氷のかたまりや岩が集まってできており、はばが6万km以上ありますが、その一方、厚さは数十から数百mほどととてもうすくなっています。土星は数多くの衛星をもつ惑星で、140個以上の衛星が報告されています。太陽系の衛星でただひとつ、分厚い大気におおわれたタイタンもそのひとつです。

土星データ

直径：約12万536km（地球の約9.4倍）
質量：約568.32×10^{24}kg（地球の約95倍）
表面温度：約-180℃

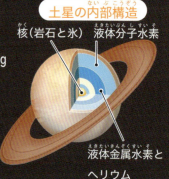

土星の内部構造
核（岩石と氷）
液体分子水素
液体金属水素とヘリウム
©Almy/アフロ

なぜ土星を探査するの？

木星に次いで巨大な土星を調べることは、木星と同じように太陽系の形成と進化を知るうえで重要です。大きなリングがどのようにできたのかもわかっていません。衛星エンケラドスの内部にある地下海には生命が存在する可能性があり、衛星タイタンの大気は原始地球の大気と似ているのではないかともいわれます。生命関連の調査も土星探査のおもな目的のひとつです。

人類史上初の土星探査

土星を初めて間近から観測したのは、アメリカのパイオニア11号でした。1973年4月に打ち上げられたパイオニア11号は、1974年12月に木星へ接近しながら通過したのち、1979年9月に土星へたどり着きました。土星に接近中、パイオニア11号は440枚の画像を撮影しました。またメインリングのすぐ外にある細い「Fリング」の存在や、土星がおもに液体水素でできていること、土星に磁場があることなどを発見しました。

パイオニア11号 🇺🇸

パイオニア10号と同型の探査機。パイオニア10号と同じく、知的生命体に向けたアルミニウム板を搭載している。

パイオニア11号がとらえた土星。土星の下に衛星タイタンも写っている。
©NASA

開発年表 土星編

1973年	アメリカの**パイオニア11号**が打ち上げ
1979年	**パイオニア11号**が土星へたどり着く
1980年	アメリカの**ボイジャー1号**が土星に最接近

ボイジャー1号が土星への最接近の4日後に撮影した土星の画像。

1981年	アメリカの**ボイジャー2号**が土星に最接近
1997年	アメリカとESAの**カッシーニ**が打ち上げ
2004年	**カッシーニ**が土星を周回しながら観測開始
2005年	**カッシーニ**から放出されたESAの**ホイヘンス・プローブ**が、パラシュートで衛星**タイタン**へ降下
2028年	アメリカの探査用ドローン、**ドラゴンフライ**が打ち上げ予定

土星のなぞにせまる

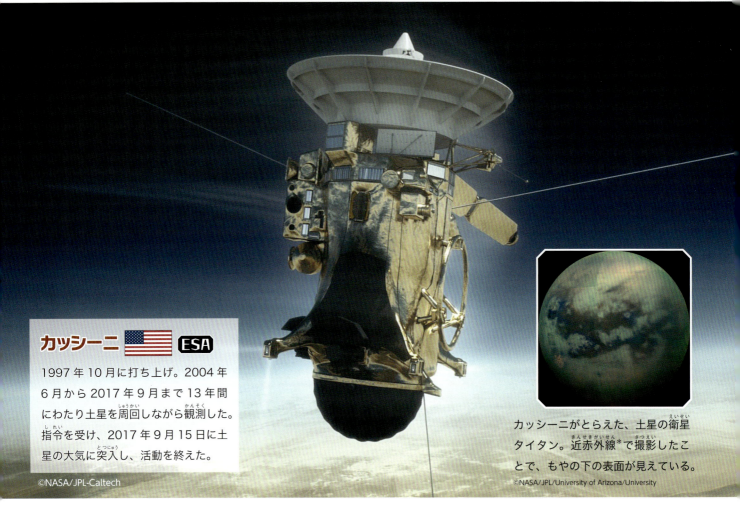

カッシーニ 🇺🇸 ESA
1997年10月に打ち上げ。2004年6月から2017年9月まで13年間にわたり土星を周回しながら観測した。指令を受け、2017年9月15日に土星の大気に突入し、活動を終えた。
©NASA/JPL-Caltech

カッシーニがとらえた、土星の衛星タイタン。近赤外線*で撮影したことで、もやの下の表面が見えている。
©NASA/JPL/University of Arizona/University

16億kmかなたへ

パイオニア11号が、地球から約16億kmはなれた土星にたどり着く2年前の1977年、ボイジャー1号、2号が打ち上げられました。どちらも木星を経由した後、ボイジャー1号は1980年11月、2号は1981年8月に土星へ最接近しました。2機のボイジャーは土星と衛星の画像を数多く撮影したほか、リングにしみのようなものが現れる「スポーク」という現象や、新しいリング（Gリング）などを発見しました。また衛星タイタンの大気の90％が窒素で構成されていることや、表面の気圧（1.6気圧）や温度（約-180℃）も測定しました。

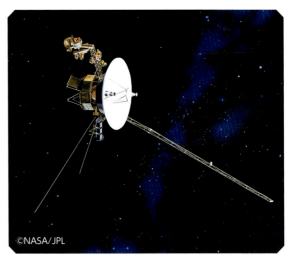

ボイジャー2号 🇺🇸
1977年8月に打ち上げられ、1981年8月に土星へ最接近した。土星フライバイののち、天王星へ向かった。

*近赤外線……電磁波の一種。リモコンや赤外線通信に使用されている。

土星へ

土星最大の衛星タイタンへ

　土星を初めて周回しながら探査したのはアメリカとESAのカッシーニです。カッシーニは、土星と衛星の数多くの画像を撮影。衛星エンケラドスの南極付近からふき出す間欠泉を発見するなどしました。また、カッシーニから放出され、タイタンに降下したESAのホイヘンス・プローブは、風や気圧、温度など大気に関するデータの測定をしたり、着陸後に表面の写真を撮影したりしました。

ホイヘンス・プローブ ESA

2005年1月14日、タイタンへパラシュートを使って降下し、氷の砂がある場所へ着陸した。

ホイヘンス・プローブが着陸後に撮影したタイタンの表面。
©ESA/NASA/JPL/University of Arizona

タイタンの環境を探る

　分厚い大気におおわれた衛星タイタンの表面ではメタン*の雨が降り、メタンやエタン*の海や湖が存在しています。そんなタイタンの表面でドローンを飛ばして探査しようという「ドラゴンフライ」計画が進められています。空を飛んで移動しつつ、タイタンの表面物質の成分や大気の状態などを調べます。

ドラゴンフライ 🇺🇸

8つの回転するつばさで飛び、タイタンのさまざまな場所を調べる。機体は全長3.85mの大きさ。2028年7月に打ち上げ予定。

宇宙コラム　遠くはなれた探査機とどうやって通信しているの？

　NASAは、遠くはなれた探査機との通信を「深宇宙ネットワーク（DSN）」とよばれる通信網を通じておこなっています。DSNはゴールドストーン（アメリカ）、マドリード（スペイン）、キャンベラ（オーストラリア）の3か所に地上局があります。非常に遠くはなれているボイジャー1号、2号などの探査機は、とても弱い電波をとらえるため複数のアンテナを組み合わせて通信をおこないます。

スペインのマドリード近郊にある地上局の直径70mのアンテナ。3つの地上局は経度で120度ずつはなれており、地球が自転してもいずれかの地上局で探査機と通信できる。

*メタンとエタン……どちらも天然ガスにふくまれる無色無臭の物質。地球では気体だが、土星では表面温度が低いため液体で存在する。

天王星からその先へ

太陽系の外側の領域には、天王星と海王星という、ふたつの似た巨大惑星があります。さらにその外には、小さな天体がたくさん集まったカイパーベルトが存在します。

天王星とその衛星

ミランダ ©NASA/JPL-Caltech
アリエル ©USGS
チタニア ©NASA/JPL

海王星とその衛星

トリトン ©NASA/JPL
ラリッサ ©NASA/JPL
プロテウス ©NASA/JPL

太陽系の果て、天王星と海王星

太陽系のもっとも外側を公転する天王星と海王星は、おもに水やメタンの氷でできているため「巨大氷惑星」とよばれます。大気中のメタンが赤い光を吸収するため青っぽく見えます。天王星は自転するときの軸が横だおしのようになっていることが特徴。海王星では太陽系でもっとも速い風（時速2000km以上）がふきます。

天王星データ
直径：約5万1118km（地球の約4倍）
質量：約87×10^{24}kg（地球の約15倍）
表面温度：約-195℃

海王星データ
直径：約4万9528km（地球の約4倍）
質量：約102×10^{24}kg（地球の約17倍）
表面温度：約-200℃

さまざまな準惑星

カイパーベルトにあるのは、多くは小さな天体です。カイパーベルトの中で比較的大きな冥王星は、以前は惑星に分類されていました。しかし似たような大きさの天体が見つかったことで現在は「準惑星」に分類されています。

冥王星と衛星カロン

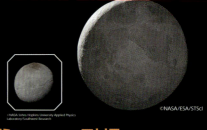

エリス

ハウメアと衛星ヒイアカ、ナマカ

マケマケと衛星S/2015(136472) 1

なぜ天王星や海王星を探査するの？

天王星と海王星をおとずれた探査機はボイジャー2号のみです。ボイジャー2号は惑星のそばを通過しながら観測をおこなっただけなので、わかったことは限られています。たとえば天王星が横だおしの理由などは、いまだによくわかっていません。「太陽系外惑星*」には天王星や海王星のような大きさの天体が数多く見つかっています。天王星や海王星をくわしく知ることは、それらの太陽系外惑星について理解を深めることにつながります。

開発年表 — 天王星からその先編

- 1986年 ● アメリカの**ボイジャー2号**が天王星に接近
- 1989年 ● **ボイジャー2号**が海王星に接近
- 2015年 ● アメリカの**ニュー・ホライズンズ**が冥王星に接近
- 2019年 ● **ニュー・ホライズンズ**がカイパーベルト天体**アロコス**に接近

ボイジャー2号 🇺🇸

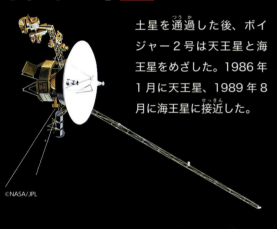

土星を通過した後、ボイジャー2号は天王星と海王星をめざした。1986年1月に天王星、1989年8月に海王星に接近した。

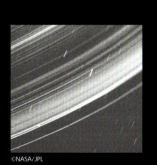

左はボイジャー2号が1986年に撮影した天王星のリング。右はジェイムズ・ウェッブ宇宙望遠鏡*が2023年に撮影した天王星とリング。ボイジャー2号以前には9本のリングが知られていた。ボイジャー2号は2本のリングを発見。その後、ハッブル宇宙望遠鏡*によりさらに2本が発見された。

ニュー・ホライズンズ 🇺🇸

2006年に打ち上げられ、2015年7月に冥王星に接近した。2019年1月にはカイパーベルト天体のアロコスに接近した。

ニュー・ホライズンズがとらえた冥王星の北極付近。

---

*太陽系外惑星……太陽系の外にある、太陽以外の恒星を公転する惑星のこと。2024年11月時点で5700個以上が確認されている。

*ジェイムズ・ウェッブ宇宙望遠鏡……2021年に打ち上げられた。地球から見て、太陽と反対側150万kmの空間から観測している。

*ハッブル宇宙望遠鏡……1990年に打ち上げられ、地上から約600km上空を周回している。

彗星へ

太陽に近づいたときだけ明るくなり、尾をなびかせる彗星。夜空に突然出現する彗星は、かつては不吉なことが起きる前ぶれだと考えられていました。

ロゼッタとフィラエ ESA

ロゼッタは2014年8月にチュリュモフ・ゲラシメンコ彗星を周回する軌道に入った。着陸機（ランダー）のフィラエは、同年11月、史上初めて彗星の核への着陸に成功した。
©ESA/ATG medialab; Comet image: ESA/Rosetta/Navcam

夜空にかがやく彗星

　彗星は、地上から見たときに「ほうき」のような尾が見えることから「ほうき星」ともよばれます。その尾は、太陽に近づいたときしか出ません。「核」とよばれる彗星の本体はちりがまじった氷からなることから、彗星の核は「よごれた雪玉」と表現されることがあります。太陽に近づいて温度が上がると、氷が蒸発して気体となって、ふき出したガスやちりが尾をつくるのです。数十年おきにやってくるものから、数万年おきにやってくるものまで、彗星の周期はさまざまです。太陽に接近後、二度ともどって来ないものもあります。

核からふき出したガスが核を取りまいてコマができる。ガスが太陽風に流されてイオンの尾ができ、ちりが太陽光の圧力で流されてちりの尾ができる。

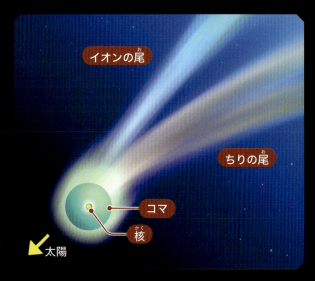

なぜ彗星を探査するの?

彗星は、小惑星（26ページ）と同じように太陽系ができたころの微惑星の生き残りだと考えられており、彗星を調べることで、太陽系がどのように形成され、進化してきたのかを理解することができます。また彗星は、地球に水や生命のもとになる有機物を運んできた可能性があります。彗星を調べることは、地球の水や生命の起源にも関わっています。

宇宙科学史上最大規模
各国が協力した「ハレー艦隊」

約76年ごとにやってくるハレー彗星が1986年に地球に接近したとき、アメリカやESA、ソビエト、日本により、合計6機の探査機が打ち上げられ、史上最大規模の国際協力による探査がおこなわれました。下で紹介している5機と試験探査機さきがけを合わせた6機の探査機は「ハレー艦隊」とよばれました。

ジオットが撮影したハレー彗星の核。
©ESA/MPAe Lindau

開発年表
彗星編

- **1978年** アメリカとESAの**アイス**が打ち上げ、その後、太陽風や**ジャコビニ・ツィナー彗星**の探査活動へ

- **1984年** ソビエトの**ベガ1号、2号**が打ち上げ、その後、**金星**に接近

- **1985年** 1月、日本の**すいせい**の試験探査機**さきがけ**が打ち上げ
  - 7月、ESAの**ジオット**が打ち上げ
  - 8月、日本の**すいせい**が打ち上げ

- **1986年** 各国の探査機（**ハレー艦隊**）が**ハレー彗星**を探査

- **2001年** アメリカの**ディープ・スペース1号**が**ボレリー彗星**を探査

- **2004年** アメリカの**スターダスト**が**ビルト第2彗星**のコマからサンプルを採取

- **2005年** アメリカの**ディープ・インパクト**が内部構造調査のため、**テンペル第1彗星**に約370kgの衝突体を発射

- **2014年** ESAの**ロゼッタ**の着陸機（ランダー）**フィラエ**が**チュリュモフ・ゲラシメンコ彗星**の核へ着陸成功

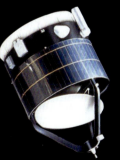

ジオット
ESA

ハレー彗星の核から600km以内まで接近して撮影をおこなった。
©ESA

アイス 🇺🇸 ESA

ハレー彗星の太陽側で太陽風のデータを測定した。
©NASA

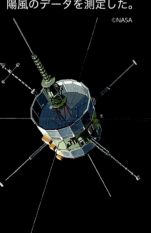

すいせい 🇯🇵

彗星から14万5000kmまで接近。自転周期などを測定した。
©JAXA

ベガ1号、2号

金星を探査したのち、ハレー彗星に接近し写真撮影などをおこなった。

©Daderot

おしえて！インタビュー

国立研究開発法人宇宙航空研究開発機構（JAXA）がESAと共同で開発したベピコロンボ（13ページ）。探査機が宇宙から送信したデータを地上で受け取るためのシステムを開発した、山下さんにお話をうかがいました。

山下 美和子さん

1967年、東京都生まれ。神奈川総合高等職業訓練校電子計算機科卒業。1986年に株式会社都築ファコムセンター（現 富士通Japanソリューションズ東京株式会社）入社。2012年よりJAXA宇宙科学研究所の一員として、さまざまなプロジェクトにたずさわる。

思いがけず宇宙開発の世界へ

Q 宇宙開発にたずさわるようになったきっかけを教えてください

山下さん じつは私は、もともと宇宙に興味があったわけではありませんでした。

高校時代、コンピュータに興味をもち、職業訓練校でプログラム開発の勉強をして、メーカーへ就職しました。そのメーカーでは、JAXA宇宙科学研究所の衛星運用に関する業務もおこなっていて、入社した後、システムエンジニアとして、宇宙系と事務系の部署のどちらで働くか、選ぶことになりました。宇宙系の仕事は大変そうだなあと思った私は、事務系を選びました。ですが、なぜか配属されたのは宇宙系の部署でした。そして、そこからさまざまな人工衛星の「クイックルック」の開発にたずさわることになりました。クイックルックとは、衛星が宇宙から送信したデータを、地上の画面にリアルタイムで表示するシステムです。衛星からは、さまざまなデータが送信されてくるので、クイックルックは衛星からのメッセージを受け取るために欠かせないものなのです。

Q 新しい分野の仕事を覚えるのは、大変ではありませんでしたか？

山下さん 学生時代にプログラム開発を学んだものの、衛星のクイックルックを開発するためには、覚えなくてはいけないこと、勉強しなくてはいけないことがたくさんありました。なので、宇宙科学研究所の先生方に「ここはこうなっているんだよ」「こうやればできるんだよ」と教わりながら、だんだん衛星のことを理解していきました。

1989年2月に、あけぼのをのせたM-3SIIロケットが打ち上げられた。

磁気観測衛星「あけぼの」。オーロラに関する物理現象などを解明することを目的として打ち上げられた。2015年4月まで運用されていた。

初めての衛星打ち上げの感動

Q 「宇宙に関わる仕事って楽しい！」と思ったきっかけは何でしたか？

山下さん 私は、ロケットや人工衛星がどんなものなのか、知らないところからスタートしました。なので、初めは「きっとこの仕事は3年もしたらやめるだろうな」と思っていたんです。ところが、気づけばもう、仕事を始めて38年ぐらいがたちました。それは、衛星の打ち上げの感動を、一度経験してしまったからだと思っています。

就職して初めて担当したのは「あけぼの」という衛星でした。わからないことも多いなか、がむしゃらにクイックルックをつくりあげ、そうして開発した衛星がロケットで打ち上げられて宇宙へと旅立っていきました。それは、とても感動的なことだったのですが、その反面、あけぼのにはもう二度と会うことができないということでもありました。「ああ、悲しいな」と思っていたら、あけぼのが宇宙からデータを送信してきてくれたのです。それも、私がつくったクイックルックシステムに情報を表示してくれました。そのときの感動は、とてつもないものでしたね。当時は、宇宙からデータが送られてくるなんて、想像できませんでしたから。この感動を味わってしまったら、もうやめられないなと思いました。だから、今でもこの仕事を続けているのだと思います。

2018年、ベピコロンボはフランス領ギアナのギアナ宇宙センターから、アリアン5ロケットで打ち上げられた。

ベピコロンボへの思い

Q ベピコロンボとは、どのようなものでしょうか？

山下さん　ベピコロンボとは、日本のJAXAとヨーロッパ宇宙機関（ESA）が協力しておこなっている、水星探査計画のことです。日本の水星磁気圏探査機「みお」（MMO）と、ヨーロッパの水星表面探査機（MPO）が、連結した状態で地球から水星へ向かい、水星へたどり着いたら分離します。そして、協力しながら、約1年ほどさまざまな探査をおこなう予定です。

　ベピコロンボの計画が動きだしたのは2000年ごろのことなのですが、調整が必要なことがたくさんあって、2018年10月にようやく打ち上げができました。水星の周回軌道に投入されるのは、2026年11月の予定です。

Q 山下さんは、ベピコロンボではどのような役割をになってきましたか？

山下さん　私は、このプロジェクトで、みおの「地上系システム」のとりまとめをしています。地上では、探査機が送信してきたデータをもとに、状態を確認して観測データを受け取ったり、必要があれば、探査機に指示を送ったりします。こうしたことをできるようにするのが地上系システムで、先ほどお話ししたクイックルックも、その一部です。

Q ベピコロンボ計画の地上系システムの開発で大変なのはどのようなところですか？

　ベピコロンボに限らず、人工衛星や探査機をつくるときには、地上系システムの動作確認もふくめてさまざまな試験をおこないます。ベピコロンボはESAと協力しているプロジェクトなので、試験はオランダでおこなわれました。つくったシステムを日本からオランダへ輸送する必要があったのですが、そのためにはヨーロッパとやりとりする書類がたくさんあり、まずそれがとても大変でした。また、地上系システムの動作確認をするために、オランダと日本の間で通信をつながなくてはいけなかったのですが、当時はデータ保護のために、インターネットを使うことができず、電話回線を使う必要がありました。これがなかなかつながらず、とても苦労しました。

　今は、探査機から送られてくるデータを見て、異常がないかなどを見ている状況なのですが、水星と地球でデータをやりとりするには、往復で20分以上かかります。例えば、探査機に少しかたむきが見られるときは、それを修正する指示を探査機に送るのですが、その指示が届くまでには10分以上かかるので、すばやく対応しなくてはいけません。ふだんから、さまざまな状況を想定して、シミュレーションをしています。

水星に近づく、みおとMPOが連結したベピコロンボのイメージ。2025年1月には最後のスイングバイ（9回目）をおこなった

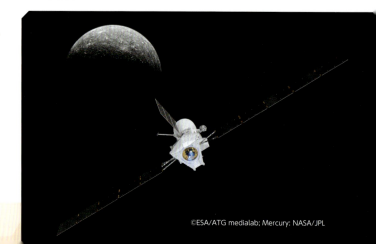

Q 2026年に、みおが水星の周回軌道に投入されます。今、どのようなお気持ちですか？

山下さん　私がベピコロンボに関わるようになったのは、2010年ごろからです。他のプロジェクトにくらべると、とても長い時間をかけてきました。これだけ期間が長いと、関わっている人たちも年を重ねていきます。なかには、とちゅうで現場をはなれた方もいらっしゃいました。その方たちの考えや積み上げてきたものをしっかり継承していかなくてはいけないと思っています。

　また、今はまだ、みおとMPOが分離していないので、MPOのデータをESAから送ってもらい、確認している状況です。しかし2026年に無事に水星の周回軌道に入って分離されると、初めてみおから私たちのもとへデータが直接送られてくるようになります。みおが最初に送ってくれるのはどんなデータだろう？　と、今、とてもドキドキしています。

みおを通して宇宙への興味を

Q 読者のみなさんへ、メッセージをお願いします。

山下さん　これからみおが水星に到達すると、水星のさまざまなことがわかってくると思います。そうしたニュースを通じて、みなさんに宇宙のことに興味をもってもらえるとうれしいです。

　また、みなさんには、自分が楽しいと感じることや興味があることに何でも挑戦してほしいです。できれば、仲間といっしょに取り組んで、みんなで感動を味わえることがあるとよいですね。

　私は子どものころ、「勉強しなさい」と言われるのがとてもいやでした。しかし大人になると、ああ、勉強って大事だなと思うことがたくさんあります。学べるときにたくさん学んでおくと、それが未来の自分にかえってくるかもしれません。

このインタビューは、2024年12月時点での情報をもとに構成しています。

さくいん

ここでは、この本に出てくる重要な用語を五十音順にならべて、その内容が出ているページをのせています。用語にふくまれる数字は小さい方からならべています。

アイス……………………………………41
あかつき…………………………………16
インサイト………………………………22
インジェニュイティ……………………23
隕石………………………………………29
宇宙天気予報……………………………9
エウロパ・クリッパー……………32、33
MMX……………………………………25
エンビジョン……………………………17
オービター……………………13、15、21、23
オサイリス・レックス…………………27
オポチュニティ…………………………22
オリンポス山………………………22、24

海王星………………………………38、39
火星
　　………11、14、18、19、20、21、22、23、24、25、26
カッシーニ…………………30、34、36、37
ガリレオ………………………………31、33
ガリレオ衛星…………………………32、33
キュリオシティ…………………………23
金星
　　………11、13、14、15、16、17、41
ゲートウェイ……………………………25
ゴーズ……………………………………9
黒点………………………………………7
コロナ（太陽コロナ）……………4、6、7、8、9

サイキ……………………………………27
GPS……………………………………5、9
ジオット…………………………………41
磁気リコネクション……………………7
ジュース…………………………………33
ジュノー…………………………………33
小惑星…………………………26、27、28、29
深宇宙ネットワーク（DSN）…………37
人工衛星…………………………………9、13
すいせい…………………………………41
水星………………………6、10、11、12、13
彗星…………………………………40、41
水星表面探査機（MPO）……13、44、45
スイングバイ……………………12、13、44
スピリット…………………………22、24
ソーラー・オービター…………………8
SOLAR-C………………………………8
ソーラー・ダイナミクス・オブザーバトリー（SDO）
　　………………………………………4、9
ソーラー・マックス……………………7
ソジャーナ………………………………22

太陽……………4、5、6、7、8、9、10、40
太陽風……………5、6、8、9、32、40、41
ダストデビル……………………………24
ダビンチ…………………………………17
天王星………………………………38、39
天問1号…………………………………23
ドーン……………………………………26

土星 ······· 32、34、35、36、37

ドラゴンフライ ·························· 37

トロヤ群小惑星 ··················· 26、27

な

NEAR シューメーカー ··············· 26

ニュー・ホライズンズ ··············· 39

は

パーカー・ソーラー・プローブ ······· 6、8

パーサビアランス ·············· 23、24、25

パイオニア 5 号 ·························· 5

パイオニア 10 号 ··················· 31、32

パイオニア 11 号 ············· 32、35、36

パイオニア・ビーナス 1 号 ········· 15、16

パイオニア・ビーナス 2 号 ············· 16

バイキング 1 号 ························ 21

バイキング 2 号 ························ 21

はやぶさ ·························· 28、29

はやぶさ 2 ························· 28、29

ハレー艦隊 ··························· 41

ひので ··························· 6、7

ひのとり ····························· 7

フィラエ ····························· 40

フォボス 1 号 ························· 20

フォボス 2 号 ························· 20

フライバイ ············· 12、13、20、36

プローブ ········· 13、16、17、31、33

ベガ 1 号 ···························· 41

ベガ 2 号 ···························· 41

ベネラ 4 号 ·························· 16

ベネラ 7 号 ·························· 16

ベネラ 9 号 ·························· 16

ベピコロンボ ··········· 13、42、44、45

ヘリオス 1 号 ·························· 6

ヘリオス 2 号 ·························· 6

ベリタス ····························· 17

ボイジャー 1 号 ············ 32、35、36、37

ボイジャー 2 号 ············ 32、36、37、39

ホイヘンス・プローブ ··············· 37

ホープ ······························ 23

ま

マーズ・エクスプロレーション・ローバー

··· 22

マーズ・グローバル・サーベイヤー

··· 18、21

マーズ・サンプル・リターン ············· 25

マーズ・パスファインダー ·············· 22

マーズ・リコネッサンス・オービター

··· 22、24

マゼラン ························· 14、17

マリナー 2 号 ························ 15

マリナー 4 号 ··················· 19、20

マリナー 9 号 ························ 20

マリナー 10 号 ······················· 11

マルス 2 号 ························· 20

マルス 3 号 ························· 20

マンガルヤーン ····················· 23

みお ························ 13、44、45

メッセンジャー ···················· 10、12

木星 ········· 26、27、30、31、32、33

や ら

ようこう ····························· 7

ランダー ········ 13、20、21、22、23、40

ルーシー ···························· 27

ローバー ··············· 13、22、23、25

ロゼッタ ···························· 40

47

監修 肥後尚之（ひごなおゆき）

大学院で工学研究科を修了後、宇宙開発事業団（現JAXA）に入社。国際宇宙ステーションのプロジェクトを経て、新事業促進担当となり宇宙ベンチャー支援や宇宙開発企業の海外展開支援などの業務に携わる。内閣府宇宙開発戦略推進事務局では、準天頂衛星システムの開発を担当。現在は有人宇宙技術部門宇宙環境利用推進センターにて「きぼう」日本実験棟の商業利用推進に取り組む。

執筆	岡本典明
装丁・本文デザイン	倉科明敏（T.デザイン室）
本文イラスト	はやみかな （9ページ、12ページ、26ページ、29ページ、40ページ、見返し）
校正	鷗来堂
編集・制作	笠原桃華、中根会美、常松心平（303BOOKS）

[協力]
アフロ／Alamy／ESA／Getty Images／国立天文台／JAXA／NASA／PIXTA

宇宙開発プロジェクト大図鑑
②太陽系へ

発　　行	2025年4月　第1刷
監　　修	肥後尚之
発 行 者	加藤裕樹
編　　集	岩根佑吾、堀創志郎
発 行 所	株式会社ポプラ社 〒141-8210　東京都品川区西五反田3-5-8 　　　　　　 JR目黒MARCビル12階 ホームページ　www.poplar.co.jp（ポプラ社） 　　　　　　　kodomottolab.poplar.co.jp（こどもっとラボ）
印刷・製本	TOPPANクロレ株式会社

Printed in Japan
ISBN978-4-591-18475-2／ N.D.C. 538 ／ 47P ／ 29cm
©POPLAR Publishing Co.,Ltd. 2025

落丁・乱丁本はお取り替えいたします。
ホームページ（www.poplar.co.jp）のお問い合わせ一覧よりご連絡ください。

本書のコピー、スキャン、デジタル化等の無断複製は著作権法上での例外を除き禁じられています。本書を代行業者等の第三者に依頼してスキャンやデジタル化することは、たとえ個人や家庭内での利用であっても著作権法上認められておりません。

P7262002

全3巻

宇宙開発プロジェクト大図鑑

① 地球から月へ
監修：肥後尚之　　N.D.C. 538

② 太陽系へ
監修：肥後尚之　　N.D.C. 538

③ 銀河系とその先へ
監修：馬場 彩　　N.D.C. 442

- 小学校高学年以上向き
- オールカラー
- A4変型判
- 各47ページ
- 図書館用特別堅牢製本図書

ポプラ社はチャイルドラインを応援しています

18さいまでの子どもがかけるでんわ
チャイルドライン®
0120-99-7777
毎日午後4時～午後9時 ※12/29～1/3はお休み
電話代はかかりません
携帯(スマホ)OK

18さいまでの子どもがかける子ども専用電話です。
困っているとき、悩んでいるとき、うれしいとき、
なんとなく誰かと話したいとき、かけてみてください。
お説教はしません。ちょっと言いにくいことでも
名前は言わなくてもいいので、安心して話してください。
あなたの気持ちを大切に、どんなことでもいっしょに考えます。

チャット相談は
こちらから

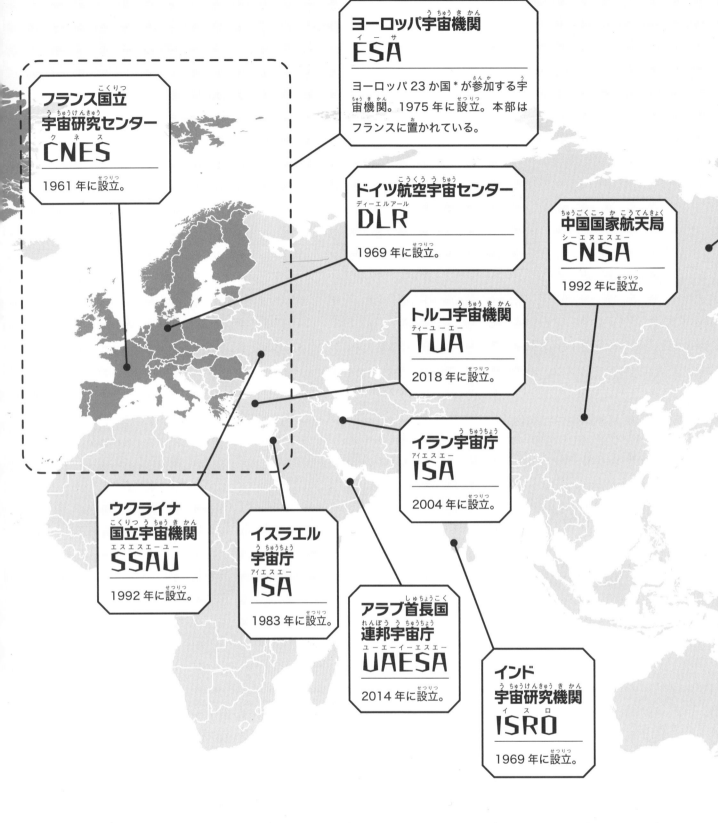

世界のおもな宇宙機関